Enikö Schröter

Welche besonderen Anforderungen stellt die europäische Wasserrahmenrichtlinie an den Leipziger Südraum und die entstehende Seenlandschaft?

GRIN Verlag

Bibliografische Information der Deutschen Nationalbibliothek:

Die Deutsche Bibliothek verzeichnet diese Publikation in der Deutschen National-
bibliografie; detaillierte bibliografische Daten sind im Internet über http://dnb.d-
nb.de/ abrufbar.

Impressum:

Copyright © 2008 GRIN Verlag GmbH
Druck und Bindung: Books on Demand GmbH, Norderstedt Germany
ISBN: 978-3-640-22699-3

Welche besonderen Anforderungen stellt die europäische Wasserrahmenrichtlinie an den Leipziger Südraum und die entstehende Seenlandschaft?

Inhalt

1. Einleitung

„Wasser ist keine übliche Handelsware, sondern ein ererbtes Gut, das geschützt, verteidigt und entsprechend behandelt werden muss."
(Auszug aus der europäischen Wasserrahmenrichtlinie)

Wie man diesem Zitat entnehmen kann, ist und war Wasser schon immer eines der kostbarsten Güter der Erde: Die Hochkulturen in der Geschichte der Menschheit gründeten ihren Wohlstand in großem Maße auf das Vorhandensein von Wasser und auch heute noch bestimmt die weltweit ungleiche Verteilung der Wasservorräte den Gegensatz zwischen Armut und Reichtum. Wasser und Zivilisation gehören untrennbar zusammen. Es gibt somit viele Gründe, der wichtigsten Lebensgrundlage der Menschen-, Tier- und Pflanzenwelt besondere Aufmerksamkeit zu schenken und Vorsorge für die Zukunft zu treffen.

Beauftragt von den Mitgliedstaaten hat die Kommission der Europäischen Union in den letzten Jahrzehnten eine Vielzahl wichtiger Regelwerke zum vor- und nachsorgenden Schutz der Gewässer verabschiedet. Eine dieser Bestimmungen ist die europäische Wasserrahmenrichtlinie (LANDESUMWELTAMT BRANDENBURG, 2005).

Hauptziele der Wasserrahmenrichtlinie sind der Schutz und die Verbesserung der aquatischen Umwelt europäischer Gewässer sowie die Förderung einer nachhaltigen, ausgeglichenen und gerechten Wassernutzung (WEINZIERL, 2003).

Die vorliegende Ausarbeitung soll in diesem Zusammenhang klären, welche besonderen Anforderungen die europäische Wasserrahmenrichtlinie an den Südraum Leipzig und die entstehende Seenlandschaft stellt und zugleich aufzeigen, wie weit der Mensch in der künstlichen Gestaltung seiner Umgebung gehen kann, ohne die natürlichen Regulationsmechanismen der Natur zu zerstören.

2. Die europäische Wasserrahmenrichtlinie – eine Herausforderung für die Wasserwirtschaft

Seit den 70 er Jahren des vergangenen Jahrhunderts hat die europäische Gemeinschaft in verschiedenen Bereichen die Initiative ergriffen, um im gesamten Gemeinschaftsgebiet ein einheitlich hohes Umweltniveau zu erreichen. So wurden auch einige Richtlinien zum Schutz des Wassers bzw. der Gewässer erlassen, wie beispielsweise die „Fischgewässer-„ oder „Grundwasserrichtlinie" (LANDESUMWELTAMT BRANDENBURG, 2005).

Im September 2000 wurde nach fast einem Jahrzehnt politischer Vorarbeit der wohl *wichtigste Bestandteil der Gewässerschutzpolitik in Europa*, die europäische Wasserrahmenrichtlinie (kurz: WRRL), durch das Europäische Parlament und den Rat erlassen. Selbige ist ein langzeit – Umweltprogramm, dass für die Gewässer Europas ökologische Qualitätsziele vorgibt und eine koordinierte Bewirtschaftung sowie eine Verbesserung des Zustandes der Gewässer bewirken soll. Von besonderer Bedeutung sind hierbei einige neue rechtliche Instrumente, wie ein auf der Gewässerökologie beruhender, ganzheitlicher Ansatz zur Beurteilung der Gewässergüte, eine vorsorgende Strategie zur Beendigung der Verschmutzung mit gefährlichen Stoffen und ebenso die öffentliche Information und Beteiligung an der Planung (WEINZIERL, 2003).

Die WRRL zielt auf einen integrierten Gewässerschutz und gilt für das Grundwasser, die Seen, die Fließgewässer von der Quelle bis zur Mündung ins Meer und für die Küstengewässer der ersten Seemeile (WAHLISS, 2003).

Das Leitbild der WRRL ist die Wiederherstellung eines möglichst natürlichen Zustands des jeweiligen Gewässertyps. Dies beinhaltet die Vielfalt und Fülle des Gewässerlebens, die Gestalt und Wasserführung der Flüsse und Bäche und die Qualität des Wassers. Zentrales Handlungsziel ist es, die Gewässer bis in spätestens 15 Jahren in einen ökologisch und chemisch *guten* Zustand zu versetzen. Jener wird auch als *Soll – Zustand* bezeichnet und bedeutet, dass Gewässer in einem gewissen Maß belastet oder verändert sein dürfen – allerdings nur soweit, dass ihre ökologische Funktion nicht oder allenfalls geringfügig beeinträchtigt sind (WAHLISS, 2003).

Dieser gute Zustand ist zukünftig der Qualitätsstandard des europäischen Gewässerschutzes. Sämtliche Mitgliedstaaten haben die Wasserkörper deshalb zu schützen, zu verbessern und zu säubern. Für alle Oberflächengewässer- auch die künstlichen und ebenfalls alle Grundwässer sind ausserdem notwendige Maßnahmen zu treffen, um, wie in Abb. 1 dargestellt, in jedem Fall eine Verschlechterung des derzeitigen Gewässerzustands zu verhindern (WAHLISS, 2003).

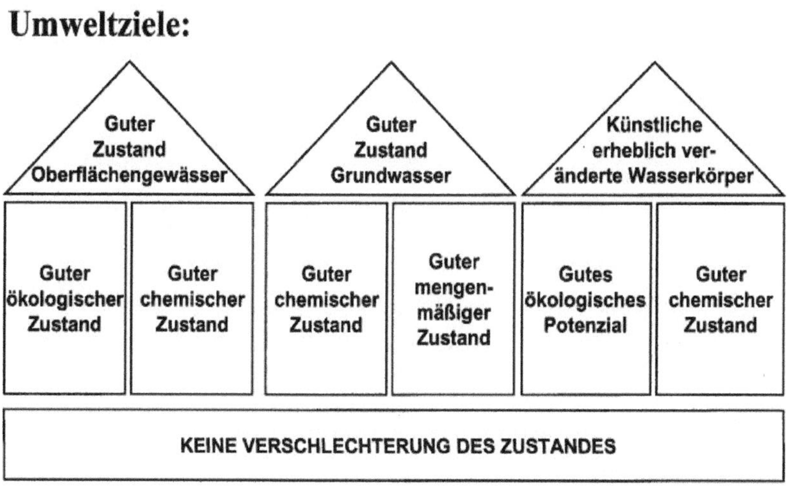

Umweltziele:

Abb. 1: Umweltziele; Quelle: Bayerische Akademie für Naturschutz und Landschaftspflege

Für die Erfüllung der in der WRRL festgesetzten Vorgaben trägt jeder Mitgliedstaat allein die Verantwortung. Um einen guten Wasserzustand zu erzielen, sind vorausgehend die Maßnahmen notwendig, die in Abb. 2 aufgezeigt werden:

1. Bestandsaufnahme (Ist – Zustand)
Bevor auf das Erreichen des genannten Umweltzieles hingearbeitet werden kann, ist es unabdingbar, die Gewässer zunächst zu beschreiben. Dazu

gehören u.a. die Festlegung der Typen der Oberflächengewässer, die Bestimmung der Einzugsgebiete sowie die Ermittlung der Schadstoffbelastung. Im Rahmen der Bestandsaufnahme ist auch ein Verzeichnis der Schutzgebiete zu erstellen. Darin sind beispielsweise die Trinkwasserschutzgebiete sowie die Gebiete nach FFH - Richtlinie aufzunehmen (LANDESUMWELTAMT BRANDENBURG, 2005).

2. Überwachungsprogramme

Damit regelmäßig Informationen über den Zustand der Gewässer vorliegen, müssen Überwachungsnetze eingerichtet werden. In einer solchen Überwachung soll vor allem die Wirksamkeit der getroffenen Maßnahmen kontrolliert werden. Die wichtigsten Parameter, die in den Wasserkörpern überwacht werden müssen, sind die Gewässergüte und die Gewässerstruktur. Anhand dieser Parameter wird der Gewässerzustand in Gewässergüte- bzw. -strukturkarten farblich dargestellt (LANDESUMWELTAMT BRANDENBURG, 2005).

In allen Bundesländern existieren bereits umfangreiche Monitoringsysteme für Oberflächengewässer und Grundwasser. Derzeit wird geprüft, in welchem Maße die bestehenden Messnetzte genutzt werden können und ob Ergänzungen erforderlich sind (LANDESUMWELTAMT BRANDENBURG, 2005).

3. Festlegung und Umsetzung von Maßnahmen

Aus der Gewässerbeschreibung geht der notwendige Handlungsbedarf hervor, der in den Maßnahmenprogrammen festgelegt ist. Maßnahmen können legislativer, administrativer, technischer oder wirtschaftlicher Art sein. Die WRRL gibt einen Katalog grundlegender Bestimmungen als verbindliche Mindestanforderungen vor, freiwillige Maßnahmen sind derweil ebenfalls möglich. Das Landesumweltamt Brandenburg nennt beispiehaft die Renaturierung der Gewässer oder die Verschärfung der Grenzwerte für Abwassereinleitungen (vgl. LANDESUMWELTAMT BRANDENBURG, 2005).

Die Maßnahmenprogramme sind bis 2009 aufzustellen und bis 2012 umzusetzen. Sie sollen bis 2015 den guten Zustand der Gewässer herstellen und werden danach alle 6 Jahre überprüft und eventuell aktualisiert (WIENZIERL, 2003).

Um die Aufgaben und Ziele der WRRL besser koordinieren zu können, sind Bewirtschaftungspläne zu erstellen. Ein solcher ist die zusammenfassende Darstellung aller Charakteristiken, Datensammlungen und Maßnahmen der betroffenen Gewässer und enthält neben der allgemeinen Beschreibung des Flussgebietes eine Auflistung der zuständigen Behörden sowie eine Beurteilung des zu erwartenden Erfolgs bzw. Misserfolgs der Maßnahmen. Er wird damit zum Kontrollinstrument für die Europäische Kommission und alle Beteiligten (www.bmu.de).

Planung und Termine:

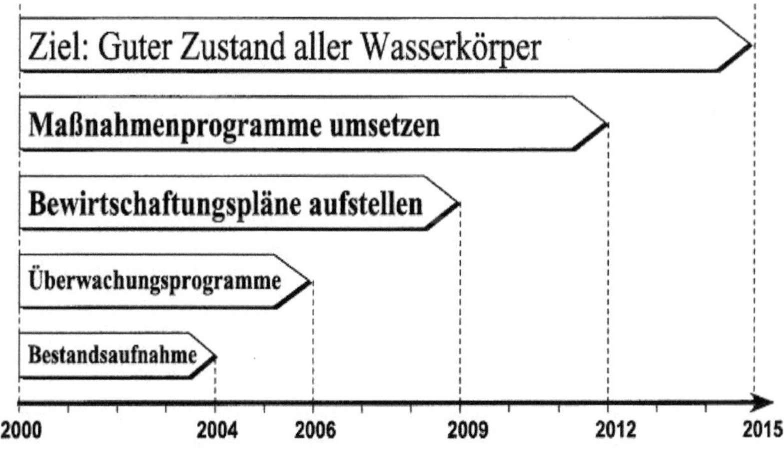

Abb.2: Planung und Termine; Quelle: Bayerische Akademie für Naturschutz und Landschaftspflege

Die WRRL bringt für Staat, Kommunen, Verwaltung und alle Beteiligten vor Ort große Herausforderungen, die es zur Stärkung des integrativen Gewässerschutzes zu bewältigen gilt.

Nicht zuletzt in der aktuellen Debatte um die Nutzung von Bergbaufolgelandschaften und den entstehenden Restseen spielt die WRRL eine entscheidende Rolle für Mensch und Natur und zeigt somit die Notwendigkeit eines integrierten Gewässerschutzes auf.

3. Das Leipziger Seengebiet – Metamorphose einer Landschaft

Der Südraum Leipzig ordnet sich geologisch in das Weiße – Elster – Becken und naturräumlich in die Leipziger Tieflandsbucht ein. Während des Tertiärs wurden hier vier Brankohleflöze abgelagert, deren Abbau bereits im 17. Jahrhundert begann und sich in größerem Maße im 19. Jahrhundert fortsetzte (HAFERKORN, 2007).

Mit dem Zusammenbruch der DDR und der politischen Wende in Deutschland war auch ein *umweltpolitisches Umdenken* verbunden. Der Braunkohleabbau wurde innerhalb kürzester Zeit erheblich zurückgefahren und hinterlässt ein landschaftlich *degeneriertes Gebiet mit offenen Tagebauhohlräumen.* Beispiele sind die Restlöcher der Tagebauen Bockwitz, Espenhain und Cospuden. Diese Holräume determinieren die Konturen der späteren Tagebaurestseen, denn die am 1.Januar 1991 beginnende Tagebausanierung steht unter dem Hauptziel der *Schaffung von Landschafts- und Erholungsseen für die touristische Nutzung und Freizeitgestaltung* (EISSMAN, RUDOLPH, 2006).

Die Entstehung des Cospudener Sees beispielsweise beginnt im November 1992. Die intensive Braunkohleförderung hat ihre Spuren hinterlassen: Eine karge, durchfurchte Wüstenlandschaft ohne jegliche Lebenszeichen prägt das Bild nach der Einstellung der Abbauarbeiten (siehe Abb.3).

Abb.3: Tagebaurestloch Cospuden; Quelle: EISSMANN, RUDOLPH, 2006

Mit dem Abschalten der Pumpen, die den Tagebau von Wasser freihalten, dringen Grundwasser und Uferfiltrat aus der Weißen Elster ein und beginnen den Hohlraum sukzessiv zu überfluten. Anschließend wird bis zum Erreichen des geplanten Seewasserspiegels Fremdwasser eingeleitet. Nach acht Jahren Fülldauer ist der über 100 Millionen Kubikmeter große Krater des Tagebaus „ertrunken" und die angestrebte Wasserspiegelhöhe von 110 m NN erreicht (EISSMANN, RUDOLPH, 2006). Abbildung 4 zeigt den Cospudener See in seinem derzeitigen Zustand.

Abb.4: Cospudener See; Quelle: www.leipzigseen.de

Mit der Flutung weiterer Restlöcher wird sich der Südraum Leipzig nach Jahrzehnten der Vernichtung von Ackerland, Wäldern, Siedlungen und Auen etwa im Jahre 2050 zu einer Seenfläche von 70 km² verändert haben (Siehe Abb.5), die eine Vielzahl von Nutzungs- und Entwicklungsmöglichkeiten bietet (HAASE, ROSENBERG, 2003).

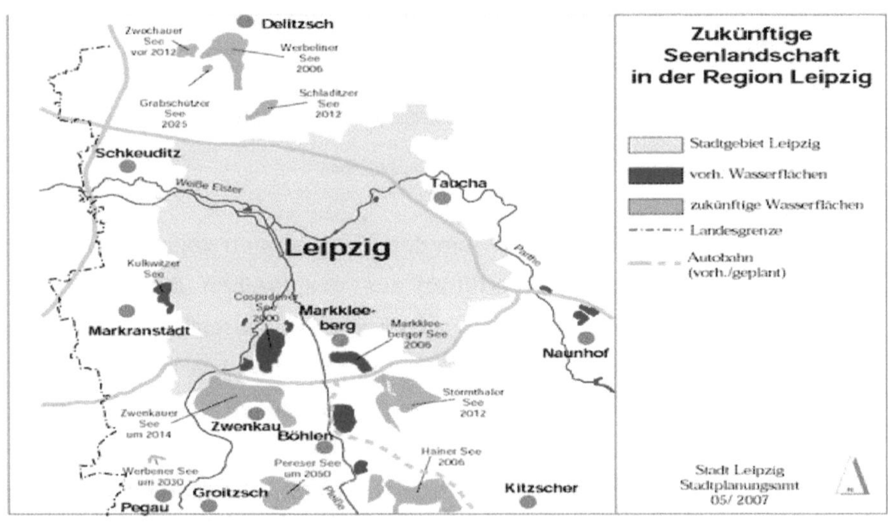

Abb.5: Leipziger Seenlandschaft; Quelle: www.leipzig.de

4. Auswirkungen des Bergbaus und der entstehenden Tagebaurestseen auf den Wasserhaushalt der betroffenen Region

Noch gravierender als an der Oberfläche hat sich der Braunkohleabbau im Untergrund ausgewirkt. Ausserdem führte er, einhergehend mit einer enormen Flächeninanspruchnahme, zu gewaltigen Eingriffen in den Naturhaushalt und in besonderem Maße in den Wasserhaushalt des Gebietes. *Flussbegradigungen und Kanalisierungen* sowie der Wasserverbrauch der Industrie richteten erhebliche ökologische Schäden an. Insbesondere die Abwässer der Schwelereien belasteten die

Fließgewässer und verursachten in grundwasserleitenden Schichten eine *Anreicherung mit Phenolen* und anderen umweltschädlichen Stoffen.

Weiterhin zwang die notwendige Entwässerung, wie sie für den Betrieb der Tagebaue erforderlich war, zu bedeutenden *Entnahmen aus dem Grundwasservorrat*: Um einen Tagebau trocken zu halten, muss das der Senke zuströmende Grundwasser ständig durch einen Ring von Pumpen abgesaugt werden (HAFERKORN, 2007), in den 80er Jahren betrug die Wasserförderung aus dem Tagebau Espenhain beispielsweise rund 18 bis 20 Mill. M³ im Jahr bzw. 50 000 m³ am Tag. 185 bis 205 Tiefbrunnen waren bei einer Förderung von 25 000 m³ Grundwasser pro Tag ständig in Betrieb, um den Tagebau Cospuden weitgehend trocken zu halten (EISSMANN, RUDOLPH, 2006).

Ein weitaus größeres Übel ist der *Eingriff in den Auenwald*. Hunderte ha fallen in wenigen Jahren Säge und Axt zum Opfer, wodurch die natürlichen Regulationsräume der Landschaft unwiederbringbar vernichtet werden (EISSMANN, RUDOLPH, 2006).

Nachdem der Tagebau abgeschlossen ist, steigt der Grundwasserspiegel wieder an. Die durch Abgrabung entstandenen Senken füllen sich mit dem ansteigenden Grundwasser und mit Sickerwasser aus den umliegenden Abraumhalden bzw. werden mit Fremdwasser gefüllt. Diese Seen sind dann vor allem durch einen sehr hohen Eisen- und Sulfatgehalt und einem extrem niedrigen pH-Wert charakterisiert. Insgesamt ist die *Wasserqualität* der Tagebaurestseen im Vergleich zu natürlichen Seen stark verändert, da sie einhöheres *Versauerungspotential* besitzen. Das Wasser künstlich nicht kontaminierter Flüsse ist pH-neutral und mäßig bis mittelstark mineralisiert. Die tieferen, braunkohlezeitlichen Schichten führen jedoch Eisen- und Schwefelverbindungen, die das Wasser der Tagebauseen zumindest in der Anfangsphase stark versauern (EISSMANN, RUDOLPH, 2006). Dadurch, dass Bergbauseen mit Grund- und Oberflächenwasser in Verbindung stehen, können sie eine potentielle *Schadstoffquelle für den gesamten Wasserhaushalt ihrer Umgebung* darstellen (www.ufz.de). Hinzu kommt eine mögliche *Kontamination durch Schadstoffe aus Altlasten* (www.uni-essen.de).

Die Entstehung eines Tagebaurestsees ist oftmals begleitet von der Frage, ob dieser das *Mikroklima der Region* und damit auch des Wasserhaushalt *nachhaltig* verändert. Zunächst ist festzuhalten, dass die Verdunstung über offenem Wasser wesentlich größer ist als über den Landflächen. Hinzu kommt die Zunahme der Feuchtigkeit und der sommerlichen Schwüle. In der kalten Jahreszeit ist über und im Umkreis der Seen auch mit stärkerer Nebelbildung zu rechnen. Also nimmt diese künstliche Seenlandschaft tatsächlich Einfluss auf das Klima der umgebenen Gebiete, jedoch dürften diese Beträge bereits bei geringer Seenentfernung unter der subjektiven Wahrnehmungsgrenze liegen (EISSMANN, RUDOLPH, 2006).

Die abrupte Einstellung des Braunkohleabbaus hat alles in allem vielfältige Probleme bei der Wiederherstellung eines sich selbst regulierenden Wasserhaushaltes hinterlassen, aus denen sich eine der technisch wie finanziell umfangreichsten Aufgaben der Umweltgestaltung in der Bundesrepublik Deutschland ergibt.

5. Welche Anforderungen stellt die europäische Wasserrahmenrichtlinie an den Leipziger Südraum und die entstehende Seenlandschaft?

Für einige Wasserkörper lassen sich die Ziele der WRRL aus unterschiedlichen Gründen nicht realisieren. Unter bestimmten Umständen ist es den Mitgliedstaaten deshalb erlaubt, künstliche oder erheblich veränderte Wasserkörper auszuweisen und diese gesondert zu behandeln, z.B. die Fristen zur Erreichung der Maßgaben zu verlängern. Anstelle des in der WRRL allgemein geforderten "guten ökologischen Zustandes" gilt für die erheblich veränderten und künstlichen Wasserkörper als Umweltziel ein *"gutes ökologische Potenzial und ein guter chemischer Zustand"*, das bis 2015 erreicht werden muss (www.umweltdaten.de, www.uni-essen.de). Bei Bergbaufolgelandschaften ist ferner zu beachten, dass auch die Grundwasser einen guten chemischen und mengenmäßigen Zustand erreichen/behalten sollen (www.uni-essen.de).

Erheblich veränderte Wasserkörper sind Gewässer, die in Folge menschlicher Eingriffe in ihrem Wesen stark verändert sind und daher keinen „guten chemischen und ökologischen Zustand" aufweisen können.

Ein künstliches Gewässer ist ein vom Menschen angelegter „Oberflächenwasserkörper, der an einer Stelle geschaffen wurde, an der zuvor kein Wasserkörper vorhanden war" (vgl. www.umweltdaten.de).

Zu den künstlichen Wasserkörpern gehören beispielsweise Schifffahrtskanäle, Bewässerungskanäle, künstlich angelegt Teiche und Abgrabungsseen, Häfen und Kaianlagen, Baggerseen, Kiesgruben, Speicherseen für die Wasserkrafterzeugung und eben auch die für diese Ausarbeitung interessanten Tagebauseen (www.umweltdaten.de).

Das "gute ökologische Potenzial" ist ein *weniger strenges Kriterium* als der "gute ökologische Zustand". Die WRRL lässt hierbei Abweichungen von ihren Referenzbedingungen zu , da das Erreichen des „guten ökologischen Zustands" signifikant negative Auswirkungen auf die spezifische Nutzung (z.B. Schifffahrt, Entwässerung, Freizeitnutzung) des künstlichen oder veränderten Wasserkörpers hätte oder die festgesetzten Ziele aus technischen oder Kostengründen nicht erreicht werden können. Trotzdem ist es für betroffene Staaten obligatorisch, eine Bestandsaufnahme durchzuführen sowie Überwachungs- und Maßnahmenprogramme zu erstellen (www.emscher.nrw.de).

Nach der vorläufigen Einstufung und Ausweisung von erheblich veränderten und künstlichen Wasserkörpern bis 2004 müssen also, wie bei den unveränderten Gewässern, geeignete Umweltziele für die Wasserkörper festgelegt werden. Eine geeignete Maßnahme zum Erreichen des guten ökologischen Zustands bei Tagebaurestseen ist beispielsweise die *Fremdwasserflutung*. Durch die Zugabe von reichlich Fremdwasser soll die Versauerung gebremst und eine Neutralisierung des Gewässers erzielt werden. Diese Methode ist überall dort zu empfehlen, wo genügend verfügbares Wasser vorhanden ist (www.uni-essen.de).

Mit der *chemischen Neutralisierung* versucht man der Versauerung des Gewässers durch die Zugabe von z.B. Kalk oder Soda, entgegenzuwirken (www.uni-essen.de). Dies ist eine sehr effektive Methode für alle Arten von Oberflächengewässern und das Grundwasser. Sie wurde in Kombination mit der Fremdwasserflutung zum Beispiel erfolgreich am Cospudener See durchgeführt: Der See erfüllt heute physikalisch, chemisch und biologisch alle Kriterien eines guten Badegewässers (EISSMANN, RUDOLPH, 2006).

Weiterhin denkbar ist die *biologische Selbstreinigung*, welche besonders für kleine Seen geeignet ist und sich die natürlichen Regulationsmechanismen eines Gewässers zu nutze macht (www.uni-essen.de).

Ungeachtet dessen, wie die Entscheidung ausgefallen ist, sind auch im Falle der künstlichen Gewässer (Tagebaurestseen sowie sämtliche geplanten Kanäle zwischen den Seen) um Leipzig die Maßnahmen bis 2015 durchzusetzen und alle 6 Jahre zu kontrollieren (www.uni-essen.de).

Festzuhalten ist, dass alle Bergbaufolgelandschaften grundsätzlich über ein sehr hohes Sanierungspotenzial verfügen, dass es im Sinne der WRRL auszunutzen gilt. Definitiv hängt der Erfolg der Sanierungsmaßnahmen maßgeblich von der vorhandenen Größenordnung und den möglichen Kosten ab, doch das Beispiel des Leipziger Südens zeigt deutlich auf, dass mit einer engen Zusammenarbeit zwischen Bund und Ländern sowie gut durchdachten finanziellen, personellen und organisatorischen Entscheidungen eine ordnungsgemäße und erfolgreiche Umsetzung der WRRL gelingen kann.

6. Könnte eine alternative Nutzung der Tagebauseen der europäischen WRRL eher entsprechen?

Die weitere Verwendung der Tagebaurestlöcher ist stets eine umstrittene Frage. Von der *Verfüllung der Restlöcher mit Abraum* bis hin zu weitgreifenden architektonischen *Gestaltungen einer „Kunstlandschaft"* wurden viele Möglichkeiten diskutiert. Abraummassen für die Verfüllung der Restlöcher standen nicht in ausreichendem Maße zur Verfügung und die Gedanken zur künstlerischen Gestaltung einer postmontanen Bergbaulandschaft erwiesen sich als zu kostspielig (HAFERKORN, 2006).
Ebenfalls im Raum stand die Möglichkeit, die *Natur einfach sich selbst zu überlassen*, denn die in der Vegetation innewohnende Lebenskraft bedeckt selbst auf scheinbar lebensfeindlichem Boden alle entstandenen Erdwunden nach einer gewissen Zeit. Ausserdem würden sich die Hohlräume auch ohne die Einwirkung des Menschen mit Grundwasser füllen und sich zu einem See entwickeln. Allerdings wäre der pH-Wert der entstehenden Gewässer ohne Fremdwasserzufuhr sehr gering und lebensfeindlich. Weiterhin würde das Einpegeln einer gewissen Wasserspiegelhöhe mehrere Jahrzehnte dauern – ohne die Zufuhr von Fremdwasser hätte sich die Wasserfüllung des Cospudener Tagebaurestloches bis zum Jahr 2025 erstreckt - und eine weiterführende Nutzung des Gewässers sehr verzögern (EISSMANN, RUDOPLH, 2006).
Hinzu kommt, dass das „Sich-Selbst-Überlassen" einer Bergbaufolgelandschaft nicht dem Anspruch einer nachhaltigen Landschaftsgestaltung gerecht wird und die Schöpfung eines Restsees durch die Zuspeisung mit (karbonatisiertem) Fremdwasser schon allein aus Gründen der Verbesserung der Wasserqualität als alternativlos anerkannt werden muss (HAFERKORN, 2006).
Die Flutung der Tagebaurestlöcher birgt neben dem Verhindern der Versauerung der Gewässer und dem Wiederherstellen der Ästhetik der betroffenen Landschaft aber noch weitere Vorteile: Nicht nur, dass die Bergbauseen als Wasserreservoire zu Zeiten eines denkbaren

Wassermangels genutzt werden können, sie dienen ebenfalls dem Hochwasserschutz. Falls die Abflussraten der Weißen Elster zu hoch sind, sind die Seen in der Lage, eine sehr hohe Wassermenge aufzunehmen und so Hochwasserkatastrophen zu verhindern bzw. einzuschränken (EISSMANN, RUDOLPH, 2006).

7. Fazit

Nach Jahren des exzessiven Braunkohleabbaus um Leipzig und mit der Stilllegung der braunkohleveredelnden Industrie konnten die Gewässer zum großen Teil regeneriert werden und eine weitestgehend zerstörte Landschaft beginnt sich in ein Seengebiet zu verwandeln. Hier drängt sich dem Betrachter sicher die Frage auf, ob die enormen Landschaftseingriffe durch die Braunkohleförderung und die anschließende völlige Neugestaltung der betroffenen Gebiete ein erneutes Wiedereinstellen der natürlichen Regulationsmechanismen überhaupt ermöglichen. Doch genau hier setzen die Maßnahmen der europäischen Wasserrahmenrichtlinie an: Da Bergbaufolgelandschaften zu den dynamischsten Räumen Mitteldeutschlands hinsichtlich des Landschaftswandels zählen, werden an sie besondere Anforderungen gestellt. Die gesonderte Behandlung von künstlichen oder veränderten Gewässern ist ein *realistischer Ansatz*, der betroffenen Staaten gewissen *Spielraum* ermöglicht, sie aber gleichzeitig zum *Nachdenken und Handeln* zwingt, um ein Miteinander von Mensch und Natur in europäischer Kulturlandschaft durchzusetzen.

Abb.6: Gremminer See; Quelle: www.leipzigseen.de

8. Literaturverzeichnis

EISSMANN, LOTHAR; RUDOLPH, ARMIN (2002): Metamorphose einer Landschaft.
    Beucha.

EISSMANN, LOTHAR; RUDOLPH, ARMIN (2006): Die aufgehenden Seen im
    Süden Leipzigs. 2. Auflage. Beucha

HAASE, DAGMAR; ROSENBERG, MATTHIAS (2003): Das Bild der Landschaft
    ändert sich. **In**: Forschen für die Umwelt. 4.Ausgabe. S. 86-95

HAFERKORN, BERND (2007): Die neue Tagebau-Seenlandschaft im Leipziger
    Süden. **In**: Kummsdorf, Albrecht [Hrsg.]: Ökonologie. S. 124-132

LANDESUMWELTAMT BRANDENBURG [Hrsg.](2005): Umsetzung der WRRL.
    Bericht zur Bestandsaufnahme für das Land Brandenburg. Potsdam.

WAHLISS, WERNER(2003): Die europäische WRRL. Eine Herausforderung für
    die Wasserwirtschaft in Bayern. **In**: Berichte der Bayerischen Akademie für
    Naturschutz und Landschaftspflege. 27. S. 33-42

WEINZIERL, HUBERT(2003): WRRL und ihre Auswirkungen auf den
    Naturschutz. **In**: Berichte der Bayerischen Akademie für Naturschutz
    und Landschaftspflege. 27. S. 47-52

www.bmu.de
www.emscher.nrw.de/bwplanung/download/vortraege/04_UBA_Vortrag_PP_prn.
pdf
www.leipzig.de
www.leipzigseen.de
www.umweltbundesamt.de/wasser
www.umweltdaten.de/wasser/hmwbawb.pdf
www.uni-essen.de/kobio/docs/KG_TypisierungReferenz_tagebauseen_Geller.pdf
www.ufz.de